L'ART DE RESPIRER
SOUS L'EAU
ET LE MOYEN D'ENTRETENIR
pendant un temps confiderable la flamme enfermée dans un petit lieu.

T OU S les Hommes ſçavent par experience, que la reſpiration eſt neceſſaire à la vie, & que les poumons ſont l'organe de cette action. Les oiſeaux qui s'élevent dans le plus haut de l'air, les animaux & les inſectes qui ſont ſur la terre & dans ſes parties interieures, & les poiſſons meſme qui nâgent dans les eaux, ſont indiſpenſablement obligez de reſpirer. Quoyque ces derniers n'ayent point de poumons, ils ont neanmoins des branchies que l'on nomme vulgairement les oüies, qui leur en tiennent lieu, & la nature a tellement conformé les parties propres à la reſpiration des uns & des autres, ſelon le liquide qu'ils reſpirent, qu'il n'eſt pas en leur pouvoir de le changer, & de prendre ou l'un ou l'autre indifferemment ; c'eſt pourquoy nous voyons que les poiſſons meurent bien-toſt lors qu'ils ſont mis dans l'air, les oiſeaux lors qu'ils ſont plongez dans l'eau, & le reſte des animaux, lors qu'ils ſont ou dans l'eau ou dans un air trop ſubtil. Ceux que l'on appelle Amphybies, qui vivent & ſur la terre & dans l'eau, n'ont pas differens poumons pour reſpirer l'eau & l'air, ils reſpirent tous ce dernier, mais une circulation particuliere de leur ſang, fait qu'ils peuvent interrompre la reſpiration pour quelque temps.

Neceſſité de la reſpiration.

A

Ufage de la refpira- tion.

Il n'eſt pas facile de rendre raiſon & d'expliquer tous les differens uſages de la reſpiration, les plus grans Philoſophes, & les plus ſçavans Medecins, penſent qu'elle a eſté donnée aux animaux, pour rafraíchir le ſang trop échauffé au ſortir du ventricule droit du cœur, pour contribuer à la formation des eſprits, par le moyen des parties nitreuſes de l'air qui ſe meſlent avec le ſang & pour pouſſer dehors les vapeurs & les parties fuligineuſes , qui l'empécheroient de couler dans le ventricule gauche.

La connoiſſance de la fabrique du cœur & de la circulation du ſang fait voir évidemment la neceſſité de la reſpiration pour le rafraíchiſſement du ſang, lequel au ſortir du ventricule droit du cœur, eſt tellement échauffé & rarefié, que s'il ne paſſoit par des lieux frais, devant que d'entrer dans le ventricule gauche, il produiroit des eſprits, qui ſeroient dans une agitation ſi grande, & diviſez en des parties ſi ſubtiles, qu'ils monteroient en foule à la teſte, & paſſant à travers les pores du cerveau, le dechireroient, & cauſeroient dans l'animal des freneſies & des mouvemens extraordinaires, & enfin une diſſolution entiere de ſa machine; c'eſt pourquoy la nature luy a donné des poumons, leſquels attirant & chaſſant continuellement de l'air, qui eſtant par ſa ſubtilité naturelle capable de penetrer les conduits & les intervalles des chairs les plus ſolides ſe meſle avec le ſang, le rafraíchit, & luy donne la forme de ſang arteriel, ralentit le mouvement violent des eſprits, & contribuë à leur formation, entraîne en ſortant les fumées & les vapeurs fuligineuſes du ſang, & le prepare de telle maniere, qu'il entre dans le ventricule gauche du cœur tres-pur & extremement rafraíchi, d'où il coule ſans aucun empeſchement dans l'Aorte & dans les autres veines & arteres du corps, pour revenir de nouveau dans le ventricule droit du cœur, & entretenir cette circulation continuelle.

L'Art imite en quelque façon cette preparation du ſang, & elle a beaucoup de rapport à la maniere dont on fait les Eaux-de-vie, l'eſprit de vin, & toutes les diſtillations; car on fait paſſer un long canal, à pluſieurs contours dans un tonneau rempli d'eau froide, afin d'épaiſſir & de condenſer les parties que le feu avoit rarefiées & miſes en agitation. On peut auſſi croire que les poumons ſont comme un crible, qui par la reſpiration oſtent les ordures du ſang, & ſeparent les humeurs qui ſuffoqueroient le cœur, ſi elles eſtoient meſlées avec le ſang.

3

La respiration se fait par l'action des muscles de la poitrine & du bas ventre, lesquels faisant estendre & resserrer le corps, obligent l'air d'entrer & de sortir: car il y a deux muscles principaux qui s'enflent & qui s'abaissent alternativement, par le moyen des esprits qui viennent du cerveau, & qui par leur entrée & par leur sortie, entretiennent continuellement la Systole & la Diastole des poumons; la Diastole, lors que la poitrine occupe une plus grande estenduë qu'à l'ordinaire, & la Systole lors qu'elle s'abaisse, & qu'elle retourne dans son estat naturel.

Ces muscles sont tellement disposez, que pendant que l'un est enflé, l'espace que les poumons occupent est aggrandi, & ainsi l'air entre par la bouche & par les narines; & pendant que l'autre s'enfle, cet espace est abbaissé, & l'air sort par où il estoit venu, de la mesme maniere que l'air entre dans un soufflet, lors qu'on éleve une de ses aisles, & qu'il en sort lors qu'on l'abaisse.

Il est évident que l'air frais qui entre & qui sort continuellement des poumons, rafraîchit le sang de la mesme façon que l'eau à la glace pendant l'esté rafraîchit le vin enfermé dans des bouteilles, ce que j'ay reconnu par une experience que j'ay faite depuis peu sur un chien, auquel ayant levé le *sternum*, les poumons s'abaisserent aussi-tost & changerent de couleur, & ayant mis la main sur le cœur j'apperceus que les batemens en estoient plus lents, & que cét animal commençoit à tomber en défaillance: je fis mettre l'extremité d'un soufflet dans la trachée artere & l'ayant fait agiter continuellement, les poumons s'enflerent & devinrent plus vermeils, & je sentis à la main quelque fraîcheur considerable: ce chien commença de reprendre vigueur & les batemens de son cœur devinrent plus precipitez, en sorte que pendant 30. secondes j'en contay jusques à 68. & ayant cessé pendant quelque temps d'enfler les poumons, cét animal tomba derechef en pamoison, & les ayant fait enfler de nouveau, il revint à luy, ce que je continuay pendant plus d'une demie heure qu'il resta en vie.

Cette experience me fit conjecturer, que les poumons estant abaissez le sang qui sortoit du ventricule droit & qui entroit dans les arteres du poumon ne pouvoit passer que difficilement dans les veines de cette partie pour se rendre dans le ventricule gauche, ce qui causoit la lenteur des batemens, lesquels auroient cessé entierement s'il n'en eût point coulé du tout : mais comme il y a quantité d'Anastomoses ou insertions

des veines aux arteres, il en reſte toûjours quelques unes dont
les paſſages ſont ouverts qui laiſſent couler quelque portion
de ſang dans le ventricule gauche du cœur, & qui en entretient les batemens avec la circulation du ſang; ce qui pourroit
auſſi faire conjecturer que l'apoplexie, les ſuffocations de ma-
trice & les autres ſincopes proviendroient plûtoſt de cét abaiſ-
ſement des poumons, que de la coagulation du ſang, des ob-
ſtructions & de la rupture des petits vaiſſeaux que l'on pretend
ſe faire dans le cerveau.

Un grand Philoſophe dit en quelque endroit de ſes Ecris,
» que le vray uſage de la reſpiration eſt d'apporter aſſez d'air
» frais dans le poumon, pour faire que le ſang qui y vient de la
» concavité droite du cœur, où il a eſté rarefié & comme changé
» en vapeurs, s'y épaiſiſſe & ſe convertiſſe en ſang derechef, avant
» que de retomber dans la gauche; ſans quoy il ne pourroit eſtre
» propre à ſervir de nourriture au feu qui y eſt. Ce qui ſe confir-
» me parcequ'on voit que les animaux qui n'ont point de pou-
» mons, n'ont auſſi qu'une ſeule concavité dans le cœur; & que
» les enfans qui n'en peuvent uſer pendant qu'ils ſont renfermez
» au ventre de leurs meres, ont une ouverture, par où il coule
» du ſang de la veine cave en la concavité gauche du cœur, & un
» conduit par où il en vient de la veine arterieuſe en la grande ar-
» tere ſans paſſer par le poumon.

Cette maniere dont la nature a pourvû à la conſervation de
l'enfant, lors qu'il eſt encore enfermé dans le ventre de ſa mere,
& qu'il ne peut avoir l'uſage de la reſpiration eſt admirable,
elle a fait en ſorte que le ſang qui eſt extremement échauffé,
& rarefié dans le cœur n'y retournât plus qu'en tres-petite quantité, parce que le paſſage des poumons eſtant fermé, à cauſe
de leur conſiſtance dure & ferme, le ſang eſt côduit du ventricule
droit du cœur dans le ventricule gauche, par un autre chemin;
ſçavoir par le tronc de la veine cave, de laquelle il y a un conduit, qui va à l'artere veneuſe qu'on appelle le trou ovale; & un
autre de la veine arterieuſe, qui va à la grande artere; par leſquels conduits le ſang eſt obligé de paſſer, & lors que le fœtus
eſt ſorti du ventre de ſa mere, le ſang entre par l'artere & par
la veine pulmonaire, ou parce que les vaiſſeaux des poumons ſont
plus forts, & luy donnent une entrée plus facile, ou parce que
les conduits du trou ovale & du canal arterieux ſe bouchent
petit à petit & deviennent un ligament; ce que l'on peut voir

commode-

commodement au deffaut d'un fœtus dans les veaux & dans les agneaux qui fortent du ventre de leurs meres.

Les Amphybies qui demeurent fur la terre & dans l'eau font de deux manieres, car les uns eftant plus dans l'eau que fur la terre, comme le Veau Marin, le Dauphin, le Crocodile, les Tortuës & les Grenoüilles tiennent de la nature des poiffons, & quoy qu'ils ayent deux ventricules du cœur, & que quelques uns mefmes, n'en ayent qu'un, comme les Tortuës, leur fang paffe au travers des parois de ces ventricules, & leurs poumons qui font membraneux ne leur fervent qu'à foutenir leur corps dans l'eau. Pour les autres qui font obligez de demeurer quelque temps dans l'eau, foit pour y chercher leurs aliments, ou pour d'autres raifons, comme les Canards, les Plongeons & quelques autres, ils font neceffitez d'interrompre la refpiration, c'eft pourquoy la nature leur a laiffé les conduits dont nous venons de parler ouverts, lefquels ne fe ferment point pendant toute leur vie, foit à caufe de l'ufage qu'ils en font tous les jours, foit à caufe de quelque difpofition naturelle qui eft dans ces parties, qui empéchent qu'elles ne puiffent fe boucher qu'avec peine.

C'eft fans doute à cette mefme caufe, que l'on doit attribuer l'effet prodigieux de ces hommes Plongeurs, dont il eft fait mention dans les hiftoires, qui ont demeuré fous l'eau pendant quelques heures, & on peut penfer que ces deux conduits, fçavoir le trou Ovale & le canal arterieux, leur font demeurez ouverts, afin que le fang circulaft de la mefme maniere qu'il faifoit avant leur naiffance, & la diffection que l'on a faite de quelques-uns dans lefquels on a trouvé ces deux conduits ouverts, (fi on en croit Riolan, Bartholin & quelques autres celebres Anatomiftes) en eft une preuve affez convaincante.

Il feroit à fouhaiter, que tous les hommes, ou une grande partie, euffent ce mefme avantage, & qu'il fut en leur difpofition de demeurer fous l'eau pendant quelques heures, foit pour en tirer ce qui s'y perd continuellement, foit pour la pefche des Perles, du Corail &c. foit pour joüir d'une infinité de chofes utiles qui y font, ce qui a fait croire à plufieurs, que ce feroit decouvrir un nouveau monde, que de trouver un moyen de demeurer fous l'eau un temps confiderable; & c'eft pour cette raifon, que les plus grands Efprits & les plus fçavans Hommes de chaque fiecle, fe font appliquez à la recherche de ces moyens.

Anciens
moyens de
respirer
sous l'eau.

Le trou
Ovale.

Le Navire
de Drebel.

Je rapporteray ceux qui sont venus à ma connoissance, avec les inconveniens qui les rendent impossibles ou de nul usage, avant que de proposer celuy que j'ay imaginé.

Ceux qui ont tenté de faire par art ce trou Ovale & ce canal arterieux, & d'habituer les enfans à estre quelque temps sans respirer l'ont fait inutilement, parce qu'il est apparamment impossible.

Le Navire que Drebel imagina autre-fois, avec lequel il pretendoit naviger entre deux eaux, fit bruit, & parut estre d'usage & praticable dans son temps, comme on peut le conjecturer, de la maniere dont un Autheur de ce temps là en parle dans ses Escrits, & qu'il semble approuver par plusieurs raisons qu'il apporte & par divers moyens qu'il donne, pour y entretenir le feu necessaire à la cuisson des viandes, & aux autres usages de la vie, pour s'y servir du canon & de toute sorte d'armes à feu & pour en exclure les ordures & toutes les choses incommodes à l'odorat & aux autres sens.

Cét Autheur dit, que par le moyen de ce Navire on pourra faire en un an ou deux, tout le tour de la Terre, sans estre apperçeu, & qu'estant fort grand il contiendra cent hommes, avec toutes les provisions, dont ils auront besoin pendant tous ce temps, qu'il croit que l'on pourra faire des colonies d'Hommes Marins, qui y demeureront pendant toute leur vie, & qui voyageront, & communiqueront, non seulement ensemble, mais aussi avec les habitans de l'air, qu'ils y exerceront toutes sortes d'Arts, qu'ils y feront des concerts de Musique, des experiences & des observations sur la Physique, & qu'enfin s'il y a des sçavans qui y composent des Livres, que l'on en pourra faire l'impression au fond de la Mer, & envoyer ces nouveaux Livres aux habitans de l'air. Voicy ses paroles.

Terrenum ambitum nemine cæterorum mortalium conscio, unius aut alterius anni spatio, conficere potest, (hæc navis) quæ si maris profundum non desit, tantæ magnitudinis esse queat, ut unius anni victum centum hominibus suppeditet .... adeo ut existimem diversas colonias sub aquis marinis posse degere, & tota vita persistere, ibique in alias propagari ...... Colymbas vero multa potest experiri, quæ Physicam promoveant ..... submarini nautæ & incolæ poterunt aeris incolis sua communicare mutuoque recipere aerea commoda, quem etiam suavissimi concentus, in navi submarina recreare poterunt ..... si quis vero nautarum Libros scripserit de noviter in maris fundo re-

pertis, excudi poterunt & typis committi in ipso fundo, ut ex im- mersa nave ad terrenos incolas novi Libri mittantur.

Ce Navire n'estoit autre chose qu'un Bâteau, qui avoit à peu prés la figure d'un œuf, si pesant qu'il s'enfonçoit de luy mesme dans l'eau, & si exactement fermé de toutes parts, qu'elle n'y pouvoit entrer, lequel contenoit un certain nombre d'hommes qui le conduisoient haut & bas, à droit & à gauche & par tout où ils vouloient, avec des rames disposées d'une façon particuliere.

Mais toutes ces belles idées n'ont point eû de lieu, depuis tant d'années qu'on les a publiées, & nous n'en avons vû aucune experience, qui difficilement auroit reussi, parce que l'eau resistant beaucoup, il auroit falû bien des forces pour mouvoir ce vaisseau, & une extrême pesanteur pour le faire submerger, s'il eut esté fort grand, & estant petit il auroit contenu peu d'hommes, qui n'y auroient pû vivre long-temps, faute d'air; il paroit que cette Invention ne peut estre mise en pratique, & que toutes les consequences que l'on en a tirées sont imaginaires, quoy que celuy qui a inventé ce Navire, ait publié, qu'il sçavoit le moyen de purifier l'air qui estoit dedans, & de le rendre toûjours propre à la respiration.

Quelques-uns ont crû qu'il suffisoit de mettre à la bouche une grande Vessie en forme de bouteille, ou de s'enfermer la teste, ou même le corps entier dans un sac de cuir, qu'ils lioient sous les aisselles & au milieu des bras, avec deux verres aux deux yeux pour appercevoir les objets qui estoient dans l'eau, comme on voit dans les figures de Vegece; mais cette maniere n'est gueres plus praticable que la precedente, parce qu'y ayant peu d'air il est bien-tost échauffé & remply de vapeurs, par celuy qui sort des poumons.

Supposons par exemple, que cét homme pousse à chaque respiration, quatre ou cinq pouces cubiques d'air, il est certain que cét air échauffé & plein de vapeurs, se mesle au sortir de la bouche, avec celuy qui est enfermé dans ce sac, lequel il échauffe & infecte, pendant que les poumons, en attirent un autre pareille quantité, laquelle venant à en sortir avec la chaleur qu'elle y a acquise, elle se mesle avec celuy qui estoit déja échauffé, & qu'il échauffe de nouveau, ce qui fait qu'en peu de temps cét air enfermé acquiert une grande chaleur, & se remplit bien-tost de vapeurs.

La Cornemuse que l'on voit auſſi dans les figures de Flave Vegece, eſt un long tuyau de cuir, attaché par une extremité à un liege, ou à une veſſie pleine d'air, laquelle nage ſur la ſuperficie de l'eau, dont l'autre bout eſt appliqué à la bouche du plongeur & par deſſous ſes aiſſelles, en ſorte qu'il puiſſe reſpirer, & que l'eau n'entre point dans ſon corps.

Quoyque pluſieurs perſonnes aſſeurent que ce moyen ſe pratique ſouvent avec ſuccez, j'oſe dire qu'il eſt impoſſible, à une grande profondeur & pour un temps conſiderable, dont il y a deux raiſons principales.

La premiere eſt tirée de l'équilibre des liqueurs de Monſieur Paſcal, où il fait voir de quelle ſorte l'eau agit contre tous les corps qui y ſont, en les preſſant par tous les coſtez, & où il demontre qu'un corps compreſſible, qui y eſt enfoncé, doit eſtre comprimé en dedans, vers le centre, ce qu'il confirme par pluſieurs exemples, dont je ne rapporteray que celuy-cy.

» Si un ſoufflet (dit-il) qui a le tuyau fort long comme de
» vingt pieds eſt dans l'eau, en ſorte que le bout du fer ſor-
» te hors de l'eau, il ſera difficile à ouvrir, ſi on a bouché
» les petits trous qui ſont à l'une des aiſles ; au lieu qu'on l'ou-
» vriroit ſans peine s'il eſtoit en l'air, à cauſe que l'eau le com-
» prime de tous coſtez par ſon poids: mais ſi l'on y employe tou-
» te la force qui eſt neceſſaire & qu'on l'ouvre; ſi peu qu'on re-
» lâche de cette force, il ſe referme avec violence (au lieu qu'il
» ſe tiendroit tout ouvert s'il eſtoit dans l'air) à cauſe du poids
» de la maſſe de l'eau qui le preſſe. Auſſi plus il eſt avant dans
» l'eau, plus il eſt difficile à ouvrir, parce qu'il y a une plus
» grande hauteur d'eau à ſupporter.

Il ne faut avoir qu'une mediocre intelligence, pour concevoir que cette Cornemuſe ou ce tuyau attaché à la bouche d'un homme qui eſt enfoncé dans l'eau eſt un effet ſemblable à celuy-cy, que les poulmons ſont effectivement un ſoufflet, & que pour les enfler, il faut que cet homme éleve toute la colomne d'eau qui eſt au deſſus de luy, laquelle eſtant extremement haute, & la force de ſes muſcles n'eſtant pas aſſez grande, il eſt impoſſible qu'il l'éleve & qu'il puiſſe par conſequent reſpirer.

La ſeconde raiſon de l'impoſſibilité de ce moyen, n'eſt pas plus difficile à concevoir que la premiere, puis qu'il eſt évident

que

que l'air qui fort des poûmons de cét homme , ne peut entrer que dans ce tuyau, & particulierement dans l'endroit qui eft proche de fa bouche, & venant à refpirer une feconde fois, il retire le mefme air qu'il repouffe dans le mefme lieu, & qu'il retire de nouveau , à peu prés comme dans la trompette parlante , dans laquelle il eft impoffible de parler long-temps fans retirer fa bouche pour refpirer d'autre air que celuy qui eft dans la trompette , que l'on apperçoit tres-humide & tres échauffé ; ainfi celuy qui fe fert de la Cornemufe refpirant le mefme air qui eft forti de fes poumons , le cœur luy manque aprés un petit nombre de refpirations, & il eft obligé de revenir promptement à la fuperficie de l'eau ; & ne le pouvant faire affez-toft, fouvent il étouffe , & c'eft la caufe pourquoy plufieurs font morts en faifant cette épreuve, & qu'ils ne font jamais revenus.

La Cloche eft un moyen qui eft connû de tout le monde, &   La Cloche. qui entre aifément dans l'efprit, à caufe de l'experience facile qu'on a d'un charbon ardent, que l'on fait nager dans une coquille de noix , ou fur quelque autre corps leger, & que l'on enfonce dans l'eau en renverfant un verre fens deffus deffous ; l'air qui eft dans ce verre n'en peut fortir, n'y ayant aucune ouverture ; & eftant enfoncé avec force, il fepare l'eau de tous les coftez, & le charbon paroift tout rouge au fond de l'eau, lequel revient au deffus, auffi-toft qu'on retire le verre. L'artifice de la Cloche eft la mefme chofe, & il n'y a de difference que du petit au grand , elle doit eftre d'un poids fuffifant pour s'enfoncer dans l'eau par fa propre pefanteur , avec l'air qu'elle contient lors qu'on la defcend perpendiculairement la bouche en bas ; l'air qui eft dedans ne trouvant aucune iffuë , eft enfoncé dans l'eau avec la Cloche, en forte que l'homme qui eft placé dans cét efpace fur un ais en forme de marchepied, a toûjours la liberté de refpirer, d'y agir, & d'y faire tels mouvemens qu'il luy plaift.

Quelques-uns difent qu'Ariftote n'a pas ignoré cette invention, que Bacon l'a fort bien expliquée, & qu'elle a efté pratiquée en la ville de Tolede par deux Grecs , lefquels au rapport de *Teyfner*, dans fon opufcule *de motu celerrimo*, allerent & fortirent plufieurs fois du fond de l'eau , en la prefence de Charles-Quint , fans fe moüiller , & fans éteindre le feu qu'ils portoient dans leurs mains. On dit que cette experience a efté faite en plusieurs endroits, & qu'il n'y a pas encore long-temps qu'elle a esté executée à Venise en presence du Dôge & de plusieurs Senateurs, & qu'il y en eut un d'eux, qui descendit sous cette cloche fort profondement dans la mer. Le temps de demeurer dans cette cloche, ne se peut determiner que selon sa grandeur : il y en a qui assurent qu'ils ont vû des Plongeurs, y rester pendant deux heures, dans une qui estoit haute de treize ou quatorze pieds, & large de neuf.

Puisque l'experience, qui est la Maistresse des choses, fait voir que l'on peut, par ce moyen, demeurer sous l'eau, pendant deux heures, on ne peut point douter qu'il ne soit bon, & il n'y a d'inconvenient, que l'embarras d'une grande machine, la necessité de plusieurs hommes, pour s'en servir, & la difficulté de la transporter par tout où on en a besoin, ce qui en fait la principale incommodité, parce que celuy qui est dedans ne pouvant se faire entendre que difficilement à ceux qui sont dans l'air, pour le conduire à droit ou à gauche, en haut ou en bas, il est obligé de se faire tirer hors de l'eau, pour dire ses intentions, que l'on n'execute souvent qu'à contre sens, lors qu'on l'a descendu, ce qui l'oblige de revenir une seconde fois, avec perte de beaucoup de temps, & peu de fruit de tant de peine.

Compres-
sion de
l'air sous
l'eau. L'incommodité que ce plongeur ressent, & qui l'empéche de demeurer plus long-temps sous cette Cloche, provient, de ce que l'air s'y échauffe, & non point, comme quelques-uns se sont imaginez, de ce que l'air est extremement comprimé dans cette Cloche, il est vray, que l'air qui y est enfermé, se condense par la pesanteur de la colomne de l'air qui est au dessus de luy, laquelle estant de 31. ou 32. pieds, il est reduit à la moitié de l'espace qu'il occupoit, c'est-à-dire que si la cloche est enfoncée sous l'eau de 32. pieds, elle est moitié pleine d'air, & moitié pleine d'eau, & si on l'enfonce davantage, il y entre plus d'eau, & l'air qui y est, est d'autant plus condensé, que la colomne de l'eau est haute, & que la cloche descend plus profondement, mais on ne remarque point que cet air cesse pour cela d'estre propre à la respiration : on a fait des experiences de la compression de l'air, & on a vû que les animaux qui estoient dans cét air comprimé, jusques à huit ou dix fois, n'y paroissoient point autrement que dans l'air libre, parce qu'ils estoient pressez également, dans toutes leurs parties & qu'il n'y en avoit aucune qui le fut plus que l'autre, ce qui est auſſi la cauſe pourquoy nous ne ſentons pas le poids de l'air quoyque conſiderable, & que ceux qui ſont dans l'eau n'en apperçoivent point la peſanteur.

Je ne parleray pas d'un moyen, dont quelques-uns ſont prevenus, qui eſt de remplir la bouche d'huile, ou d'y appliquer une éponge pleine de cette liqueur, laquelle eſtant exprimée, monte en haut, & ſe fait (ſelon leur penſée) un jour à travers duquel l'air penetre & entre dans les poumons, ce qui n'a aucune apparence de verité. *L'Eponge pleine d'huile.*

Tous ces moyens ſont, comme je viens de faire voir, ou évidemment faux, ou tres-difficiles à pratiquer, & quoyque celuy que je propoſe ait auſſi ſes difficultez, elles ne ſeront peut-eſtre pas ſi grandes. Tout le ſecret conſiſte à imiter exactement la nature, particulierement dans ce grand & ce fameux principe de la circulation, qui ſe trouve preſque dans toutes ſes operations, dans les Cieux, par le roulement des Eſtoilles & des Planettes ; dans la mer, par ſon flux & ſon reflux ; dans les Rivieres, par l'écoulement qu'elles font de leurs eaux ſur la terre exterieure & par leur retour, ou dans la terre interieure ou dans les nuës, dont l'un produit les ſources & les fontaines & l'autre les pluyes; dans l'air par les vents qui y vont & viennent toûjours; dans les plantes, par la circulation de leur ſéve ; dans les animaux par celle de leur ſang & de leurs humeurs ; & generalement dans tous les corps de l'univers, qui ſont inceſſamment ébranlez par une matiere imperceptible, qui les met dans un mouvement perpetuel, & qui les détruit continuellement pour leur faire prendre de nouvelles formes.

Nous voyons que la Nature n'a point ramaſſé tout le ſang des animaux dans un lieu, & qu'elle n'en a pas fait un grand reſervoir, pour en faire couler quelques gouttes, dans le ventricule droit du cœur, qu'il auroit rejetté dans ce lieu, pour en reprendre continuellement une autre pareille quantité, parce que de cette maniere, le ſang ſe ſeroit bien-toſt échauffé, mais elle a ſi bien diſpoſé les organes de noſtre corps, & elle a ſi induſtrieuſement placé quantité de valvules dans les endroits qui ſont neceſſaires, que le ſang qui eſt entré dans le cœur par la veine cave, n'y peut plus rentrer qu'aprés un certain temps, & qu'aprés avoir parcourû toutes les arteres & toutes les veines du corps.

Ainfi pour imiter comme il faut la nature , nous ne nous fervirons point d'un refervoir d'air pour la refpiration , d'où nous en puiffions prendre une quantité , pour la rejetter dans le mefme lieu au fortir de nos poumons, & en reprendre toûjours de ce lieu , & l'y remettre, parce que de cette maniere, cet air quoy qu'en abondance s'échauffe bien-toft ; mais nous ferons en forte que celuy qui fort de nos poumons, n'y puiffe rentrer qu'aprés un long efpace de temps , & qu'aprés avoir circulé dans un long tuyau à plufieurs contours, par le moyen de deux ou de plufieurs foupapes. Cet artifice qui imite parfaitement le cœur & fes oreillettes , fes arteres & fes veines avec leurs valvules, eft tel.

A, B, C, D, 1. 2. 3. 4. 5. 6. 7. 8. 9. E, F, G, reprefentent un tuyau de telle longueur que l'on voudra, A eft le lieu pour mettre la bouche , B, & C font deux foupapes , difpofées dans un fens contraire l'une à l'autre , en forte que celle qui eft marquée G, permet à l'air, qui eft dans la veffie H & dans le tuyau, G, F, E, de fortir & d'entrer dans les poumons, & empefche qu'il n'y puiffe rentrer, lors qu'on l'y repouffe, mais la foupape B, donne un libre paffage à l'air qui fort des poumons pour entrer dans le tuyau B,C,D, & empéche qu'il ne puiffe revenir, quoy qu'on faffe effort pour l'en tirer. H, eft une veffie capable de recevoir tout l'air que contiennent les poumons.

Par ce moyen, l'air qui fort des poumons, ne fe mefle aucunement avec celuy qui y doit entrer apres, & il n'y peut rentrer que lors que tout l'air qui eft contenu dans ce long tuyau, a paffé fucceffivement dans les poumons; & fi on fuppofe, que ce tuyau en contienne pour refpirer l'efpace d'un quart ou d'un demy quart d'heure;il s'enfuit que la partie d'air qui eft fortie des poumons la premiere fois, n'y rentre qu'un quart ou un demy-quart d'heure apres, pendant lequel temps cet air fe rafraîchit, fe purifie, & les vapeurs les plus groffieres tombent, & s'abbaiffent ou s'attachent aux parois interieurs du tuyau, de la mefme maniere que la fumée, dont une chambre eft remplie, s'attache aux murs & fe diffipe avec le temps.

Il y a cinq ou fix ans que je fis faire une machine de fer blanc femblable à celle-cy * excepté que les tuyaux eftoient proches les uns des autres en forme quarrée,& propre à eftre mife fur les

épaules

Nouvelle machine pour refpirer fous l'eau.

* Fig. I.

épaules, que l'on n'a pas reprefenté ainfi dans cette figure, pour
éviter la confufion, & que les intelligens pourront facilement
imaginer. Ce tuyau avec tous fes tours & retours, eftoit feu-
lement de 18. ou 20. pieds de long, & d'un poulce de diame-
tre ou environ.

Auffi-toft que j'eus appliqué à la bouche d'une perfonne la
partie A, j'apperçeus avec plaifir, la fyftole & la diaftole de la
veffie H, pendant 24. ou 25. minutes, que dura cette experience, c'eft-à-dire, que la veffie s'abaiffoit, lors que les poumons
s'enfloient, & au contraire, lors que les poumons s'abaiffoient,
la veffie s'enfloit : ce qui reprefente parfaitement bien, la ftru-
cture admirable du cœur, fa fyftole & fa diaftole, & celle de
ces deux bourfes, qu'on nomme fes oreilles, dont le mouvement eft oppofé au fien, lefquelles fe defenflent, lors qu'il s'enfle, & au contraire, fe rempliffent lors qu'il fe vuide.

Mais parce qu'outre le rafraichiffement du fang, il y a encore (felon ma penfée) des parties nitreufes dans l'air, qui fe
mélent avec le fang, & qui contribuent à la formation des
efprits, & n'y en ayant qu'une certaine quantité, dans l'air de
ces tuyaux, je ne les rétabliffois par aucun moyen, ainfi elles
devoient s'épuifer dans un certain efpace de temps, lequel
eftant écoulé, l'invention devenoit inutile.

Plufieurs Sçavans ne demeurent pas d'accord que l'air fe «
mefle avec le fang dans les poumons, & M. l'Abbé Mariotte «
de l'Academie Royale des fciences, dans fon fecond effay de «
la nature de l'air, dit que cela n'eft aucunement neceffaire, «
puis qu'il y a de la matiere aërienne dans celuy qui eft dans «
les veines : Il ajoûte qu'on pourroit obferver par des experien- «
ces faites dans la machine du vuide, fi le fang des arteres «
donne une plus grande quantité de bulles d'air que celuy des «
veines, car ce n'eft pas affez, dit-il, que le fang arteriel ait «
une couleur plus vive que le fang venal, pour inferer qu'il a «
pris de l'air en paffant par le poumon ; puifque cet effet pour- «
roit proceder de ce que le fang de la veine cave paffant à tra- «
vers les petites membranes du poumon, s'y rarefie & devient «
plus fubtil, & mefme que les liqueurs qui fe filtrent en paf- «
fant à travers quelques corps poreux deviennent plus belles & «
plus tranfparantes, & que le fang fe charge de beaucoup d'im- «
puretez en paffant par la ratte, par les boyaux, par les membra- «
nes de l'eftomach, &c. «

D

Le peu de bulles d'air que rend le fang arteriel & le fang
venal dans la machine du vuide, me fait croire que ce moyen
n'eſt pas ſi juſte pour connoître ſi l'air s'inſinüe dans la maſſe
du fang par la reſpiration, que celuy que je propoſe par cette
circulation de l'air dans les poumons d'un homme, & comme
il eſt impoſſible de la pouſſer à bout ſans mettre en danger de
mort celuy dont on ſe ſert, je fis une autre experience.

On ſçait que la flamme d'une chandele eſt nourrie & entre-
tenuë par l'air qui l'environne, & que l'enfermant dans un
vaiſſeau elle n'y peut vivre que tres-peu de temps, parce que
l'air s'y échauffe bien-toſt, que la fumée l'étouffe, & que les
parties alimentaires de l'air ſe conſument fort promptement,
ce qui a tant de rapport à la reſpiration, que je ne doutay
point, que ſi j'enfermois une chandele dans un vaiſſeau, &
que je fiſſe circuler l'air de la maniere dont je viens de l'expliquer, je connoîtrois le temps qu'elle y demeureroit allumée, la
quantité des parties nitreuſes qu'elle conſumeroit, & pluſieurs autres choſes qui m'eſtoient inconnuës.

Je fis faire pour cet effet deux vaiſſeaux de fer blanc, A. B.
d'environ un pied cubique chacun, leſquels avoient communication l'un à l'autre, par le moyen des tuyaux CC, DD ; E, eſt
un ſoufflet ſans ventouſes & fermé de toutes parts, F eſt une
veſſie G, H, ſont deux ſoupapes, diſpoſées de telle façon, que
lors qu'on éleve une des aîles du ſoufflet, l'air qui eſt dans le
vaiſſeau A, ne peut entrer dans ce ſoufflet, & il n'y a que celuy qui eſt dans la veſſie F, & dans le vaiſſeau B, qui le puiſſe
remplir; & lors qu'on l'abaiſſe, l'air ne peut retourner
dans la veſſie F, & il eſt obligé d'entrer dans le vaiſſeau A, où
eſt une lampe marquée I, avec une petite feneſtre de verre,
pour appercevoir l'effet de cette lumiere enfermée, je mis cette lampe allumée dans le vaiſſeau A, exactement fermé de toutes parts, où je la laiſſai éteindre d'elle-meſme, ſans agiter le
ſouflet, & elle dura environ trois ou quatre minuttes, je la ral-
lumay enſuite, aprés avoir fait ſortir la fumée qu'elle avoit
produit, & ayant agité le ſouflet continuellement, elle dura
environ 47. ou 48. minutes.

La veſſie F, qui eſtoit enflée au commencement, s'applatit
ſur la fin, ce qui eſtoit une marque que la flamme avoit con-
ſumé quelque partie de l'air des vaiſſeaux A, B.

Je ne doute point qu'en reïterant pluſieurs fois cet eſſay avec exactitude, on ne reconnut beaucoup mieux la confumption de l'air par le feu, que par l'experience que rapporte un fçavant Philofophe, dans fon livre intitulé *Ottonis de Guerike, experimenta nova Magdeburgica de vacuo fpatio,* au troifiéme livre *de propriis experimentis,* Chapitre treiziéme, qui porte pour titre *experimenta de confumptione aeris per ignem. Omnis aqua* dit-il, *videbatur in vitrum F. afcendere, & infuper bullas multas forbere, quod oculare indicium erat confumpti aëris alicujus in recipiente contenti : ita ut ad minimum decima pars aëris per candelæ flammam confumpta effet, & forfan omnis confumeretur, nifi extinctio tam cito accideret.* Cette experience quoy qu'ingenieufement imaginée, n'eft pas à mon avis convaincante pour faire connoître la confumption de l'air par le feu, en ce que ne durant que trois ou quatre minuttes, on peut attribuer cette élevation de l'eau, & ces bulles à la condenfation de l'air enfermé dans le recipient.

Cette lampe jettoit une groffe fumée, dont elle rempliffoit le vaiffeau A, & le vaiffeau B, & pour empêcher qu'elle n'entraft dans celuy-cy, je fis faire un tuyau de verre K, L, M, N, O, & je mis un pouce d'eau, dans chaque coude en L, M, N, au travers de laquelle cette fumée eftoit contrainte de paffer & de fe purifier. On pourra remplir ce mefme tuyau de filaffe, d'éponge, ou de quelque autre matiere, qui filtrera fi exactement ces parties fuligineufes, que cette lampe durera davantage, mais non pas toûjours, comme quelques-uns pourroient s'imaginer, & croire que ce feroit la lampe perpetuelle & inextinguible des anciens; peut-eftre même qu'en fe fervant d'efprit de vin au lieu d'huile, la lumiere dureroit plus long-temps.

Je remarquay que fur la fin, la flamme devenoit ronde & trespetite, & qu'infenfiblement elle s'éteignoit. Le combat que cette flamme fait, pour ainfi dire, afin d'éviter fa deftruction, les forces qu'elle reprend, lors qu'on luy donne de nouvel air, & la delicateffe avec laquelle il le faut pouffer fur la fin, donnera fans doute du plaifir à ceux qui feront cette experience.

Lors que j'appliquay cette premiere machine à la bouche de la perfonne dont je me fervois, elle n'eftoit point fous l'eau, mais l'air dont elle eftoit environnée, n'ayant aucune communication avec celuy qu'elle refpiroit, me fit croire que quand elle auroit efté entourée d'eau, d'huile, ou de toute autre liqueur, l'effet auroit efté à peu prés femblable, & qu'ainfi cette invention pouvoit eftre utile dans les temps de pefte, dans les lieux où l'air eftoit infecté, & où les hom-

mes ne pouvoient aller fans danger de mourir, comme
le témoignent les hiftoires de plufieurs perfonnes qui font mor-
tes de pareils accidens ; qu'elle auroit encore quelque utilité
dans les maladies du poumon & dans quelques autres, & que
par ce moyen, on pourroit faire refpirer à un malade, un air
embaumé & qui feroit remply de telles odeurs, & de tels efprits que l'on trouveroit propres à fa fanté, qu'elle donneroit
lieu de faire des experiences, que l'on n'a jamais tenté, comme
de purger un homme par ce moyen, de refpirer à la glace, &
plufieurs autres qu'il n'eft pas facile de prévoir fur le champ.

La plus grande de fes utilitez, eftant de pouvoir demeurer
fous l'eau, j'aurois efté bien-aife d'en faire l'experience, & ne
la pouvant bien faire fur cette perfonne, je remis à l'executer
lors que j'aurois l'occafion favorable, qui ne s'eft pas rencon-
trée depuis ce temps-là. Il ne fera pas difficile d'en faire l'effay
à ceux qui en auront la curiofité, n'y ayant aucun danger, puis
qu'un demy pied d'eau par deffus la tefte fuffira pour faire cet
effay. Il paroift ce me femble affez évidemment, qu'il doit
reüffir pour quelque temps, mais il n'eft pas facile d'en determiner la durée, avant que d'avoir fait d'autres experiences
que celles dont je viens de parler.

Les Sçavans examineront fi celles que j'ay faites, ont efté
un fondement affez raifonnable pour croire qu'elles pouvoient
fournir un moyen de demeurer fous l'eau, plus long-temps, &
plus commodément que l'on n'a pas fait jufques à prefent, &
fi ce n'eft point avec trop de prevention, que l'on s'eft perfua-
dé que ce moyen n'aura point les incommoditez, & les def-
fauts de ceux dont on a parlé cy-deffus, & qu'il en aura les
avantages.

On ira ce me femble de compagnie au fonds de la Mer, en
plus grand nombre, & bien mieux, qu'avec le Navire de Drebel, lequel on pourroit perfectionner, en y ajoûtant un foufflet avec deux foupapes, & deux tuyaux, qui aboutiroient à la
fuperficie de l'eau, par l'un defquels, l'air entreroit continuellement & fortiroit par l'autre.

Il eft indubitable que de cette maniere, il demeureroit dans ce
Vaiffeau autant d'hommes qu'il en pourroit contenir, non feule-
ment l'efpace de deux heures, ou de deux jours, mais des mois
& des années entieres, & autant de temps, qu'ils auront dequoy
vivre, puis qu'il y entrera beaucoup plus d'air qu il n'en faut
pour

pour leur refpiration, & pour y entretenir une lampe & un feu mediocre.

La pefanteur de l'eau ne pouffera point avec violence la poitrine du Plongeur, & il ne refpirera pas le même air qui fort de fes poumons, comme il fait avec la Cornemufe, que l'on perfectionnera auffi, en mettant deux tuyaux & deux foupapes, pour faire entrer l'air par l'un & le faire fortir par l'autre. *Perfection de la Cornemufe.*

Ce Plongeur ira par tout où il voudra fans l'aide d'aucun, & il fera beaucoup plus libre que dans la Cloche, il aura fi l'on veut la tête enfermée dans une maniere de fac fait de ces cuirs impenetrables à l'eau que l'on a inventé depuis quelques années, & dont on a fait l'experience fur la Riviere de Seine; & par le moyen de deux verres, il fe fervira de fes yeux; peut-eftre même de fa voix & de fes oreilles, autant que le liquide le pourra permettre, il aura fes bras & fes jambes libres, & il pourra mettre à chaque pied une machine compofée de deux batans qui fe fermeront, lors qu'il tirera fes pieds en avant, & qui s'ouvriront, lors qu'il les pouffera en arriere; cette machine qui eft faite à l'imitation d'une patte d'oye, luy donnera une grande force pour avancer.

Afin de faciliter au Plongeur les moyens de décendre au fonds de l'eau & de remonter à la fuperficie en peu de tems, il faudroit luy appliquer en quelque endroit commode, une feringue qui n'eut aucune ouverture par le bas, dont il tireroit le pifton par le moyen d'une viz fans fin, ou de quelqu'autre machine qui multiplie extrêmement la force, parce que la refiftance fera fort grande, fi il eft beaucoup enfoncé fous l'eau. Cette feringue ayant une efpace vuide, augmentera fon volume en tirant le Pifton, & fera élever le Plongeur à la fuperficie de l'eau, & laiffant retomber ce pifton fon volume diminuera, & le poids de ce Plongeur l'entraînera au fonds, à peu prés comme dans l'Angibatte, où l'on voit le petit homme monter & décendre, felon que l'air eft plus ou moins comprimé. Il pourra auffi aller du fond de l'eau à la fuperficie, avec un petit vaiffeau remply d'air condenfé, en le laiffant retourner en fon eftat naturel dans une veffie. *Moyens pour décendre fous l'eau & pour remonter à la fuperficie en peu de temps.*

Ceux qui auront un peu penfé à la fabrique de cette premiere machine auront apperçeu la neceffité de la veffie H. * ** Fig. I,*

E

pour recevoir l'air qui fort des poumons, & pour contrebalan-
cer l'équilibre de la poitrine, laquelle en s'étendant doit eftre
preffée en dedans, par l'air qui appuye fur cette veffie, mais
lors que le Plongeur fera enfoncé à 30. pieds ou davantage, la
colomne de l'eau comprimera cette veffie avec tant de force
qu'elle l'applatira, & fera rentrer l'air qu'elle contient dans le
tuyau A, B, C, D, &c. & la rendra par confequent inutile,
ce que l'on concevra facilement fi on imagine un foufflet
au bout duquel il y ait une veffie attachée, & qui empefche
l'eau d'entrer dans fa capacité, on n'aura prefque point de peine d'élever & d'abaiffer les aîles de ce foufflet pendant qu'il
fera tres-peu enfoncé fous l'eau, mais lors qu'il le fera beaucoup, l'air de la veffie qui deviendra toute platte, entrera
entierement dans le foufflet, alors il fera prefque impoffible de
l'ouvrir par les raifons que j'ay rapportées & qui font tirées de
l'équilibre des liqueurs de M. Pafcal, & j'ay fait voir fi clairement la convenance qu'il y avoit de ce foufflet aux poumons
du Plongeur, qu'on ne peut point douter, qu'il n'euft beaucoup de peine à refpirer lors que cette veffie feroit entierement comprimée, c'eft pourquoy j'ay cru que l'on pourroit ajoûter le vaiffeau I dans lequel l'air auroit efté condenfé avec beaucoup de force, que le plongeur laiffera entrer
petit à petit dans le tuyau A, B, C, D, &c. & dans la veffie
H. à mefure qu'il defcendra fous l'eau, en ouvrant le robinet
K. qui paffera entre fes jambes. Si la veffie eftoit fort grande,
ou qu'il y en eut plufieurs, ou que les tuyaux fuffent de cuir
mollet, ou d'une autre matiere molle & flexible, il ne feroit
pas befoin de ce vaiffeau, parce que l'air qu'ils contiendroient
feroit également preffé dans toutes fes parties. Ceux qui feront ces experiences, examineront laquelle fera la plus commode, & ils trouveront aifement les remedes aux inconveniens
qu'ils rencontreront dans la pratique, les grandes decouvertes
& les plus belles inventions n'ont point efté trouvées parfaites,
& elles ne fe perfectionnent qu'avec le temps. *Omne principium
rude & imperfectum; fed per additamenta artis, tractu temporis, res
perficiuntur. Seneca.*

Si jamais l'Art a imité la nature, c'eft dans cette invention, & ce moyen de faire circuler l'air, eft fi fimple & fi
facile, que je ne doute point qu'il ne foit venu dans l'efprit
de plufieurs : fans doute que c'eft le même fecret qu'avoit ce-

19

luy dont parle le Pere Merfenne, lequel demeuroit plus de fix heures au fond de la Mer, s'y promenoit facilement, en retiroit les navires, & y faifoit ce qu'il vouloit, il y portoit même de la chandele dans une lanterne de mediocre grandeur, & ce qu'il y a dit-il, de plus admirable, c'eft qu'il ne fe fervoit au plus que d'un ou deux pieds cubiques d'air. Voicy fes propres termes.

Plongeur qui demeuroit plus de fix heures fous l'eau.

Mitto cætera, ut moneam egregium urinatorem Ioaunem Barriæum ex urbe pertufio, tribus leucis ab Aqnis-Sextiis diftante oriundum, artem inveniffe, qua facile in fundo quolibet maris per 6. aut plures horas refpirare, ambulare, naves immerfas extrahere. & quidpiam aliud præftare valeat; quibus laternam candelæ lumen, quandiu libuerit confervantem addit, quæ diverfis ufibus adhibeatur, verbi gratia pifcationi quorumlibet pifcium. Quodque mireris plurimum, ubi noveris, ne quidem 10. pedes cubicos aëris ad refpirationem cæteris urinatoribus ad dimidiam horam fufficere, ille uno dumtaxat vel altero pede cubico ad 6. horarum refpirationem utitur, & laterná vulgarium magnitudinem vix fuperante ad flammam fub aquis perpetuo confervandam.

Il y a tant de rapport de toutes ces circonftances, à l'invention que je propofe, que je ne doute point que ce ne foit la même, que cét homme aura mieux aimé laifler perir & mourir avec luy, que de la publier fans profit & fans recompenfe.

Il y a des fecrets, que celuy qui les invente peut faire voir & en cacher neantmoins l'artifice, mais il y en a d'autres, qu'il ne peut découvrir fans faire connoître en un moment, ce qu'il aura efté plufieurs années à mediter, & auffitoft qu'il les a publiés il n'en eft plus le maiftre, & il ne peut obliger ceux qui s'en fervent de le récompenfer : fouvent même on luy denie la gloire qu'il merite comme l'a tresbien remarqué M. Pafcal dans quelqu'une de fes penfées.

Ceux qui font capables d'inventer font rares, ceux qui n'inventent point font en plus grand nombre, & par confequent les plus forts : & l'on voit que pour l'ordinaire ils refufent aux Inventeurs la gloire qu'ils meritent, & qu'ils cherchent par leurs inventions, s'ils s'obftinent à la vouloir avoir & à traiter de mepris ceux qui n'inventent pas, tout ce qu'ils y gagnent, c'eft qu'on leur donne des noms ridicules & qu'on les traitte de vifionnaires.

C'eſt la raiſon pourquoy ceux qui inventent, ſe voyant ſi mal recompenſez, laiſſent mal-heureuſement perdre leurs inventions, dont le public ſouffre un notable prejudice. Le ſecret de ce Plongeur, & mille autres belles decouvertes, ſont apparamment peries de cette maniere, & on a lieu de s'eſtonner comment toutes les belles inventions, que nous voyons preſentement en uſage ne ſe ſont pas perduës de même, nous ne les devons ſans doûte qu'au hazard.

Le ſecret que Drebel pretendoit avoir, pour fortifier les Matelots de ſon vaiſſeau, & pour en rendre l'air toûjours propre à la reſpiration, n'eſtoit aſſurement autre choſe que ce ſoufflet dont j'ay fait mention, & lors qu'il a dit, que c'eſtoit par le moyen d'une eſſence cardiaque, qui s'évaporoit dans l'air, & qui y rétabliſſoit les parties nitreuſes, qui s'eſtoient conſumées par la reſpiration, ce n'a eſté à mon avis qu'une adreſſe, pour déguiſer l'invention, & pour empeſcher qu'on ne la decouvrit. *Peklinus* dans ſon traitté *de aëris & alimenti defectu & vita ſub aquis*, croit que c'eſtoit par le moyen, d'une certaine quantité d'eſſence de ſel volatil oleagineux, qui comme un ferment purifioit cét air enfermé, voicy ſes paroles, *proptereâ in machinâ Drebellianâ accidiſſe conjicio quod ad ſingulas effeti aëris expirationes in idoneum & camaratum cavum (nam & inſtrumenti hujus mechanicam fuiſſe rationem neceſſe eſt) non nihil eſſentificati ſalis volatilis oleoſi influxerit, quo ſtatim, velut fermento, partes aliæ aëris defæcatæ & poſtea ſecretæ ſint; aliæ quoque magis tenuatæ & vividiore aurâ vel poteſtate elaſticâ donatæ, ut ſic denuo receptæ in ſanguinem rarefacere potuerint. in eo autem ſitum fuiſſe Sophiſma exiſtimo, quod tantum dumtaxat iſtius ſalis influeret in cavum, quantum ad debitam & naturæ ſingulorum reſpondentem rarefactionem erat neceſſarium.*

Monſieur de Monconis parle en cette maniere des experiences de Drebel. Il avoit bien le ſecret de conſerver l'air
,, dans ſa pureté, & le rendre toûjours propre à la reſpiration,
,, ainſi ayant le ſecret ou la façon de deſcendre dans une ma-
,, chine faite en cloche dans le fond de l'eau, il y demeuroit
,, aprés ſi long-temps qu'il vouloit, ce qu'on ne ſçauroit faire
,, ſans ſçavoir ſon ſecret, parce que d'abord l'air s'échauffe ou
,, ſe groſſit, ou plutoſt ſelon ſon opinion il ſe conſomme;
,, car il croyoit qu'il y avoit une certaine quinte-eſſence dans l'air
,, laquelle ſeule nous reſpirons, & qui entretient la vie, & qui

venant

21

venant à manquer il faut mourir, ce qui arriveroit si on demeuroit long-tems dans un air enfermé; à quoy il remedioit par une
quinte-essence qu'il faisoit, qu'il nommoit *Quinte-essence de* «
l'air, de laquelle ayant répandu une goute dans l'air, on respiroit «
avec un plaisir & une facilité aussi grande que si l'on eut esté «
dans une belle colline. Il avoit fait aussi un vaisseau qui se plon- «
geoit dans l'eau quand on vouloit, & par le moyen des rames «
qu'il y avoit attachées par dehors, avec des manches aussi qu'on «
vestissoit, pour manier les rames, il alloit entre deux eaux ; «
mais il ne pouvoit pas décendre plus bas que douze ou quinze «
pieds, autrement la pesanteur de l'eau l'eut empéché de re- «
monter, & il se fut noyé. Tous ces secrets sont perdus par sa «
mort, & il n'est resté au Docteur Keiffer son gendre que les sui- «
vans, &c. «

Quoyque je sois dans le sentiment, qu'il ne peut y avoir aucune quinte-essence de l'air, ni aucune substance cardiaque,
ni aucune essence de sel volatil oleagineux, qui puisse rendre
l'air qui est sorti des poumons propre à la respiration, & qu'il
se rétablit de luy-mesme aprés quelque tems, comme l'experience me l'a en quelque façon fait connoître, je n'empéche
pas que l'on n'en croye ce qu'on voudra, & que les Chimistes
ne recherchent ces sortes d'essences. J'auray de la joye de voir
perfectionner les ouvertures que je donne, qui produiront peut-
être de nouvelles lumieres dans la Phisique & de nouvelles
connoissances sur la nature de l'air & du feu & sur celle de la
respiration.

J'aurois pû étendre davantage cét écrit, & raporter plusieurs
autres choses concernant la respiration, les moyens d'aller sous
l'eau, la flamme enfermée dans des vaisseaux, & les lampes
inestinguibles des anciens, mais cela auroit tres-peu contribué
à la perfection de ce petit traité, à la nouvelle invention que
j'y décris, qui depend beaucoup plus de l'experience que de la
demonstration, il me suffit de m'être aquité de la promesse que
j'en ay faite dans quelques écrits que j'ay ci-devant publiez.

J'ajoûteray seulement par occasion que j'avois commencé de
travailler à un petit traité du Son, dans lequel j'expliquois sa
nature, sa propagation, sa reflection, & plusieurs choses qui ap-
partiennent à cette matiere, mais le Sçavant traité du Bruit, qui
vient de paroître dans le second Tome des Essais de Phisique

F

de Monsieur Perrault de l'Academie Royale des Sciences, rempli de remarques & d'experiences tres-curieuses, & d'une description tres-exacte de l'organe de l'Oüie, surpasse tout ce que j'en pourois écrire.

Je me suis souvent étonné, comment on avoit si fort negligé les Sons & le sens de l'Oüie, vû la perfection que l'on a donné à celuy de la vûë, & les belles decouvertes que l'on a faites sur la lumiere. Je crûs d'abord qu'il estoit impossible de perfectionner ce sens, mais ayant medité quelque-tems sur ce sujet, je n'aperçeus aucune raison qui empéchât que l'on ne pût perfectionner l'Oüie aussi bien que la vûë, puis qu'il ne s'agit que de rendre sensible ce qui ne l'est pas ou ce qui ne l'est que tres-peu, & que les Sons tres-foibles & insensibles à nôtre organe, ne laissent pas que d'être Sons & de se faire entendre à des animaux qui ont l'oüie plus subtile.

On a rendu les choses sensibles à la vûë, par le moyen des verres taillez, ou par la differente capacité des tuyaux, comme dans le Thermométre ou dans le Niveau que j'ay publié, composé de Mercure & d'huile de tartre, & par plusieurs autres moyens. Pourquoy seroit-il impossible de trouver cette sensibilité dans le sens de l'Oüie ? ne l'a-t-on pas déja trouvé dans la Trompette parlante, puis qu'elle n'est qu'un moyen de rendre la voix sensible à une grande distance où on ne la pouvoit entendre ; il est vray que ce moyen n'est pas celui que nous cherchons, parce que nous voulons entendre & n'estre pas entendus, comme nous voyons avec les lunettes d'approche & que nous ne sommes pas vûs.

Les anciens ont imaginé les Cornets dont la plûpart des sourds se servent, & les modernes ont crû qu'en donnant à ces Cornets une figure Parabolique, Hiperbolique, Elliptique, ou quelqu'autre semblable qui réünit les rayons de la lumiete en un point, ils réüniroient pareillement le Son en un point au fond de l'oreille, & rendroient par consequent la sensation plus forte, mais ils se sont trompez, & en plusieurs autres rencontres ou ils ont fait un parallelle du Son & de la lumiere : Ces Cornets de quelque figure qu'ils soient, ne produisent point d'autre effet, que celuy des batardeaux, dont on se sert aux moulins à eau, pour en faire tomber une plus grande quantité sur la roüe, qui n'iroient point plus viste, quoyque ces batardeaux euſſent la figure d'Hyperbole , de Parabole ou d'Ellipſe.

J'ay imaginé un autre inſtrument, en qui la figure & la reflexion n'ont aucun lieu, afin de rendre ſenſibles les plus petits bruits, lequel eſt fondé ſur le même principe , que celui dont je me ſuis ſervi pour l'explication de l'effet des Trompettes parlantes , & ſur l'organe de certains animaux ; mais comme le raiſonnement n'eſt rien ſans l'experience , j'ay fait faire cette machine & lors que je l'applique à mon oreille, j'entens des bruits tres-grands & tres-confus; ſi quelques perſonnes marchent dans la ruë, elles me paroiſſent exciter autant de bruit qu'une armée entiere, le froiſſement de leurs ſouliers ſur le pavé reſſemble au raclement violent que l'on fait ſur les pierres, ou à une meule qui écraſeroit des cailloux ; les voix me paroiſſent comme ſi elles eſtoient produites par des Trompettes parlantes , mais dans une telle confuſion que je n'en puis diſtinguer aucune ; ce qui me fait craindre que cette invention ne ſoit inutile, à cauſe de la deſtruction des Sons les uns des autres, comme on l'experimente tous les jours dans les compagnies , où on ne peut entendre ſept ou huit perſonnes qui parlent en même tems, & on ne les entendroit pas mieux quoi qu'ils priſſent chacun une Trompette parlante, qui augmenteroit huit ou dix fois la force de leur voix; il n'en eſt pas de même de la lumiere & du grand jour, qui empéche à la verité l'effet de la vûë, mais on le peut ôter, & on l'ôte en effet par pluſieurs moyens.

Quelques experiences que j'ay encore à faire ſur ce ſujet , m'empéche de declarer la conſtruction de cét inſtrument, joint que n'étant point encore dans ſa perfection , il ſeroit facheux de publier une invention, dont un autre remportât la gloire, en y ajoutant ou même en la perfectionnant, car je compare celle-ci dans l'état où elle eſt, à l'effet des verres convexes & concaves , qui eut été peu de choſe, ſans cette heureuſe diſpoſition qui en a eſté faite dans ce ſiecle, par la combinaiſon de ces verres aux extremitez d'un tuyau, qui n'eût pourtant jamais eſté trouvée ſans cette premiere découverte de l'effet de la figure de ces verres. *Plurimum ad inveniendum contulit, qui ſperavit poſſe reperiri. Seneca l. 6. quæſtion natural.*

J'ay fait pluſieurs remarques conſiderables avec cet inſtrument que je mettray dans cet écrit, dans lequel je parlerai d'un Phenomene, qui quoi que tres-ſimple & trivial, explique clairement & fait appercevoir à l'œüil, tout ce qui appartient au Son, de la même maniere que les vibrations des pendules font connoître les vibrations invifibles des cordes qui font tenduës fur les inftrumens.

Ce Phenomene n'eft autre chofe, que l'agitation que l'on donne avec la main, aux longues cordes qui pendent du haut des bâtimens élevez, laquelle produit des ferpentemens, & des Ondulations, qui ont beaucoup de rapport à celles qui fe font dans l'air, par les cors frapez qui excitent du bruit, & qui expliquent beaucoup mieux à mon fens, la propagation du Son fa reflection, &c. que les cercles qui fe font fur la furface de l'eau.

Ceux qui feront cette experience appercevront vifiblement, que les Ondulations ou les ferpentemens, aprés avoir couru tout le long de la corde, & eftre parvenus au haut, reviennent fur leurs pas, ce qui explique l'Ecô & les reflexions du bruit, & lors que l'on agite deux cordes égales en même temps avec la même force, elles reprefentent l'uniffon; fi les ferpentemens ou les Ondulations de l'une, font plus grandes & plus lentes que celles de l'autre, ce font les diverfes confonances, & les grandes ont rapport au ton grave & les petites aux tons aigus, enfin il n'arive rien aux Sons, qui n'aye quelque analogie avec ces ferpentemens ou ces Ondulations, ainfi que je le feray voir dans cet écrit, dans lequel je répondrai aux objections que Monfieur Perrault fait, contre l'explication que j'ay donnée de l'effet des Trompettes parlantes, fondées fur ce fameux principe de l'Equilibre des liqueurs de Monfieur Pafcal, qui eft un des plus beaux & des plus grands principes qui foit dans la nature, fans lequel il eft impoffible d'expliquer la propagation du Son, le tremblement des vitres, des planchers & des murs des maifons & mille autres effets femblables.

F I N.